AF312547

MOYENS

DE DÉTRUIRE

LES HANNETONS

MOYENS SÛRS

Dᴇ faire enfin cesser les ravages que les Hannetons font dans la terre sous la forme de vers blancs, en détruisant les racines des grains et des plantes les plus utiles des prairies naturelles et artificielles, et sur les arbres dont ils rongent les feuilles et les pousses nouvelles, lorsqu'ils sortent de terre au mois de mai.

Avec la manière de gouverner les Abeilles pendant et après les hivers doux et pluvieux ; de les alimenter lorsqu'elles ont consommé leurs provisions ; et celle de tailler ou châtrer les ruches au moment le plus convenable, sans nuire à leur Prospérité.

Par M. POINSOT, Auteur de l'Ami des Jardiniers, de l'Ami des Cultivateurs.

Prix 75 cent.

A PARIS.

Chez l'Auteur, rue de Malthe, n°. 12.

Et chez Ponthieu, Libraire, place Saint-Germain-Lauxerrois, à la Bibliothèque des Grands-Hommes.

OBSERVATIONS

Sur les ravages des Hannetons, et sur les moyens de détruire ces Insectes.

Un des plus terribles fléaux que l'on ait à redouter dans l'économie rurale, est occasionné par l'insecte que l'on connait sous les noms de *hannetons*, *bardoires*, *mans*, *cancouelles*, etc, selon les départemens.

Les ravages qu'il cause, soit sous la terre, dans l'état de larve, (que les jardiniers et laboureurs nomment vers blancs ou turcs) en rongeant les racines des plantes ; soit lorsqu'il en sort au mois de mai pour dévorer les feuilles et les pousses nouvelles des arbres, sont inapréciables, puisque cet insecte détruit, non-seulement la végétation de l'année, lorsqu'elle est dans sa première force, mais encore l'espérance des fruits de l'année suivante ; car en rongeant les feuilles qui protègent les boutons à fleurs

et à bois sous leurs aisselles, ils font nécessairement avorter ces boutons qui ne peuvent
plus rien produire de solide.

Tout le monde est témoin, chaque année, de ces ravages, sur-tout à chaque troisième ou quatrième année qui suit celle où
leur multiplication a été la plus nombreuse.
Des forets entières de chênes se trouvent
dépouillées de leurs premières feuilles ; les
noyers , quoique doués d'une amertume
extraordinaire ; les vignes, sur-tout celles
qui ne sont pas encore garnies de leurs
échallas, ne sont pas plus épargnés et pré-
sentent tout-à-coup le triste aspect de l'hiver. On s'attend , dans chaque canton, à
ces apparitions extraordinaires, et l'on dit
d'avance : c'est ici l'année des hannetons ,
elle sera abondante , quoique ce pronostic
soit cependant très-faux.

Comment peut-on se persuader que depuis tant de siècles , on gémisse tous les
ans sur les ravages de ces insectes , sans
que l'on se détermine enfin à chercher à
les détruire ! Je sais que l'on a imaginé

différentes recettes pour les faire perir ;
mais elles ont toutes été inutiles et je ne
les rappellerai point ici ; j'observerai seulement que puisque l'on donne la chasse
aux loups et aux renards qui ne causent
réellement pas tant de dégâts que les hannetons, puisque ceux-ci devastent les grains,
les prairies, les forêts, les arbres fruitiers et
les vignes , pourquoi ne se liguerait-on
pas généralement contre eux pour les exterminer sous toutes les formes qu'ils re-
çoivent de la nature, et dans toutes les oc-
casions où l'on peut les détruire avec fa-
cilité ? c'est ce que je vais exposer le plus
succintement qu'il me sera possible.

On connaît deux espèces de hannetons ,
l'une plus petite qui sort de terre avant
l'autre et que les paysans prennent mal-à-
propos pour de jeunes hannetons ; l'autre
plus grosse qui paraît au mois de mai , un
peu plutôt ou un peu plus tard , selon la
chaleur du climat et la température de
l'année. La première espèce est plus commune dans le midi, et la seconde domine

dans le nord et les pays tempérés. Il est inutile d'en donner une description, ni de les suivre dans leurs différentes métamorphoses, il suffit de dire que le mâle du hanneton se distingue de la femelle par les houppes de ses antennes ou *cornes*, qui sont plus longues.

Ces insectes s'accouplent peu de jours après qu'ils sont sortis de terre et ils restent assez long-tems attachés ensemble. Lorsque l'accouplement est terminé, la femelle s'enfonce dans la terre et y dépose ses œufs à six pouces, ou environ, de profondeur. Ils sont oblongs, d'un jaune clair, et rangés les uns à côté des autres, sans être enveloppés de terre. Après avoir fait ce dépôt, elle sort pour se nourrir encore de feuilles, et elle meurt, ainsi que le mâle, environ un mois ou six semaines après leur première sortie.

Les petits vers sortent des œufs vers la fin de l'été et se fortifient pendant l'automne; ils sont très-gros dans leur troisième année, et c'est alors qu'ils font le plus de ravages dans la terre. Vers la fin de la quatrième année , ils s'enfoncent , dès l'automne, à une plus ou moins grande profondeur , et s'y forment une démeure où ils quittent leur dernière peau de ver pour prendre la forme de chrysalide , qu'ils conservent jusqu'à la fin de janvier ou au commencement de février , pour prendre ensuite celle de hanneton , d'abord de couleur blanche et jaunâtre , d'une consistance un peu molle ; enfin au commencement de mai , ils sortent de terre dans toute leur perfection.

D'après cette courte exposition , l'on voit qu'il est au moins aussi important de détruire les hannetons pendant qu'ils sont dans la terre , que quand ils en sont sortis, et c'est sous ce double rapport que je vais indiquer les moyens de leur faire la guerre.

1°. Tous les lieux que l'on laboure à la bêche, à la pioche ou à la charrue , peuvent donner lieu à une destruction immense de ces insectes, en y portant une légère attention.

Si le terrein est labouré à la bêche ou à la pioche, rien de plus facile que de tuer tous les vers, ou de détruire les œufs à mesure qu'on les découvre, et chaque propriétaire est intéressé à y donner une scrupuleuse attention.

Lorsque le terrein est labouré à la charrue, il faut faire suivre chaque sillon, à mesure qu'il est ouvert, par un ou plusieurs enfans, avec chacun un panier où ils mettront tous les vers à mesure que le soc de la charrue les découvrira ; on les donne ensuite à la volaille qui en est très-friande, ou on les écrase.

Mais il serait nécessaire que le Gouvernement donna des ordres pour faire observer cette attention, autrement presque tons les laboureurs la négligeraient. La saison des semailles est la plus importante pour la recherche des vers blancs, parce qu'ils ne sont pas encore enfoncés dans la terre et que si on ne les détruit pas

au moment où l'on va semer , ils dévas-
teront les racines des grains ou des plantes
que l'on sémera , sur-tout celle de la lu-
zerne , qu'ils cherchent de préférence.

Toute personne qui remue la terre , de
quelque manière , et pour quelque objet
que ce soit , doit être invitée à détruire
les vers des hannetons , à mesure qu'elle
en découvrira pendant son travail. Ainsi
les vignerons en labourant les vignes , ou
en creusant des fosses pour les provins ;
ceux qui font des fossés , des plantations
d'arbres , qui défoncent des terrains , qui
défrichent, etc , doivent être assujettis à
concourir à cette destruction.

2°. C'est à la sortie des hannetons à la
fin d'avril ou au commencement de mai ,
qu'il faut apporter la plus grande attention à en exterminer la race ; mais on
doit s'y prendre aussi-tôt que toute la gé-
nération qui doit paraître , est sortie , et
avant que l'accouplement soit terminé ,
afin d'empêcher que les femelles n'aillent
déposer leurs œufs dans la terre ; autre-

ment le massacre ne préjudicierait nulle-
ment à la multiplication de la race présente. Car si vous avez détruit mille femelles , après qu'elles ont déposé chacune
cinquante œufs, vous avez laissé une pos-
térité de cinquante mille larves qui dévas-
teront d'abord les racines des plantes pendant quatre ans dans la terre , sous la forme
de vers , et qui viendront ensuite rava-
ger vos arbres sous celle de hannetons.

Voici la marche qu'il faut suivre pour
en détruire le plus grand nombre possible.

On les cherchera avec soin dans les
momens où ils restent tranquilles et comme
engourdis sur les arbres et les plantes ,
c'est-à-dire le matin , lorsqu'il fait froid,
et dans la plus grande chaleur du jour,
depuis dix heures jusqu'à trois de l'après
midi.

Si on les trouve sur les haies ou sur
des arbustes peu élevés , on les prend à
la main , sur-tout dans les lieux garnis
d'herbe dans laquelle ils se perdraient si
on les y faisait tomber.

Mais

Mais s'ils sont sur des arbres élevés, tels que les chênes, les noyers, etc., il faut avoir de grandes perches garnies d'un crochet à leur extrêmité, pour secouer les branches sans endommager les bourgeons naissans, et faire tomber les hannetons sur des draps étendus dessous ; on les fait ramasser par des enfans et on les met dans des sacs que l'on ferme pour les empêcher de s'envoler, jusqu'à ce qu'on puisse les brûler ou les écraser. On peut aussi les donner à la volaille.

On peut aussi faire tomber les hannetons par terre dans les momens où ils volent pour changer de place, en les frappant avec une palette large de bois mince, qui ait un manche un peu long ; comme ils restent immobiles pendant quelques instans, il est facile de les ramasser avant qu'ils aient repris leur vol.

Mais cette chasse doit être générale, et chaque père de famille doit-être tenu d'y concourir et obligé de déposer devant le Maire de la commune, dans un lieu

désigné, une certaine quantité de hannetons, proportionnée au nombre plus ou
moins grand qui paraîtra chaque année.

Dans le pays de Vaud en Suisse, et
dans les petits cantons, chaque ménage
doit en fournir deux boisseaux, et chaque
laboureur doit faire suivre sa charrue par
un enfant qui ramasse les vers dans un
panier.

On pourrait aussi, dans chaque commune, proposer une prime ou récompense
pour celui qui ramasserait le plus de hannetons, ce serait un moyen sûr pour exci-
ter l'émulation.

Il ne me reste plus qu'une observation
à faire pour prouver l'importance du sujet
que je traite et pour lui faire mériter l'attention générale, puisqu'il intéresse tous
les propriétaires et les cultivateurs ; c'est
que chaque année on prend des précautions pour la destruction des chenilles qui
n'attaquent que quelques espèces d'arbres
fruitiers, et qui naissent et meurent dans
la même année ; et l'on a négligé jusqu'ici

celle des hannetons qui font des dégats continuels pendant quatre à cinq années, tant sous la terre qu'au déhors, en attaquant les racines et les feuilles des arbres et des plantes les plus utiles !

Par P. G. Poinçot, Auteur de l'Ami des Jardiniers et de celui des Cultivateurs.

~~~~~~

Manière de gouverner les Abeilles pendant les hivers pluvieux et doux, et de couper ou châtrer les ruches au printems suivant.

Lorsque la saison des fleurs est passée et que le froid commence à engourdir les abeilles, elles se retirent au sommet de leur ruche en s'attachant les unes aux autres, et restent dans cet état sans prendre de nourriture, jusqu'à ce qu'il vienne quelques beaux jours pendant lesquels elles se raniment un peu, et alors elles ont recours à leurs provisions. Cet état alternatif d'engourdissement et de réveil, a lieu pendant les mois de novembre, décembre, janvier et quelquefois tout février.

Mais lorsque tout l'hiver est pluvieux et doux, comme dans la présente année, les abeilles n'étant point engourdies, mangent nécessairement leurs provisions avant
~~~~~~

le printems, et, à moins qu'elles n'en aient de surabondantes, il est absolument nécessaire de leur en fournir avant le retour des fleurs.

Vers la fin de février et même plutôt, s'il est nécessaire, on laissera sortir les abeilles de leurs ruches en ouvrant le petit passage qui est pratiqué en bas et que l'on a bouché pendant l'hiver.

Après avoir néttoyé chaque ruche de ses ordures, des mouches mortes et des insectes qui pourraient s'y être glissés, on examine l'état des provisions pour s'assurer si les mouches n'ont pas besoin de nourriture et s'assurer s'il ne s'est point commis, par quelques ennemis, des ravages assez considérables pour faire changer les mouches de domicile, en les transvasant dans une autre ruche.

Mais le principal soin est de voir si leurs provisions sont usées, et de ne pas les laisser manquer de vivres dans un moment où elles ne peuvent encore s'en procurer par elles-mêmes.

On s'assure donc si elles ont besoin , en soulevant la ruche et en enfonçant dans les gâteaux ou rayons , une simple aiguille à tricoter ; si on la retire mielleuse , c'est une preuve que les vivres ne manquent pas encore ; d'ailleurs à la seule vue il est facile de s'en apercevoir.

Si tous , ou presque tous les rayons sont vides , on prend une quantité de miel proportionnée à la ruche que l'on veut alimenter ; on y mêle un cinquième de vin , en plaçant le tout sur un feu clair et le remuant bien ensemble ; on peut y ajouter un peu de miel que l'on fait fondre.

Si l'on a eu la précaution de conserver des gâteaux qui contiennent du miel et de la cire brute , c'est la meilleure nourriture que l'on puisse donner aux abeilles après l'hiver ; puisqu'elle est la même que celle dont elles font leurs provisions.

Enfin si l'on n'a ni gateaux ni miel liquide , on pilera des poires ou des pommes dont on exprimera le jus ; après qu'il sera reposé , on le survidera doucement dans

(15)

un autre vase pour laisser le marc au fond
du premier. Sur ce jus de pommes on
mettra une quatrième partie de sucre ,
de cassonade ou de miel , et l'on fera bouillir le tout jusqu'à réduction d'un tiers.
Sept cent trente-quatre grammes (une
livre et demi) de ce sirop ou de miel suf-
firont pour chaque ruche affamée, quelque
peuplée qu'elle puisse être.

On laissera parfaitement refroidir ces
alimens avant de les placer dans les ruches,
afin qu'ils n'y répandent aucunes vapeurs.
On les placera dans une assiètte ou vase
plat, sur lequel on posera quelques brins
de paille ou de petits morceaux de bois où
les abeilles iront se placer pour man-
ger. Les vases de bois sont préférables
à ceux de terre ou de fayence , qui sont
froids et glissans. On soulève la ruche et
l'on met le vase par-dessous , le matin ou
à l'entrée de la nuit. En deux ou trois
jours toute la provision sera enlevée et
placée dans les magasins.

Une autre manière d'alimenter les abeilles,

inventée par M. Pecquet et transmise par
M. Ducarne , consiste à mettre dans une
bouteille le miel ou le sirop qu'on veut
leur donner ; on ferme l'ouverture avec
une grosse toile bien tendue , que l'on lie
autour du cou de la bouteille ; ensuite on
renverse la bouteille , dont on fait passer
le cou au travers du trou qui est au haut
de la ruche ; les mouches viennent alors
au goulot pour succer cette nourriture ,
et l'on peut juger de la consommation par
le vide de la bouteille dont le corps est
au-dessus de la ruche , et on la remplit selon le besoin.

Lorsqu'on aura donné ces premiers soins
aux abeilles , on prendra garde si elles ne
sont point attaquées de quelques maladies
qu'un long séjour dans les ruches peut leur
avoir occasionnées.

La dyssenterie qui attaque souvent les
mouches à miel au sortis de l'hiver , en
commençant par les plus faibles , devient
contagieuse et ferait périr une ruche en-
tière

tière si l'on n'y remédiait. On les guérit en leur donnant le sirop suivant :

Prenez quatre pots de vin vieux , deux pots de miel et douze hectogrammes (deux livres et demie) de sucre ; faites bouillir le tout mêlé ensemble , à petit feu , en l'écumant souvent. Lorsque cette composition est réduite en consistance de sirop , retirez la du feu , et quand elle est refroidie , versez la dans des bouteilles que vous boucherez et que vous placerez à la cave pour le besoin. On en prépare une quantité proportionnée à celle de ses ruches. A la fin de l'hiver on en donne aux mouches après leur première sortie , tant pour en préserver une partie de la maladie , que pour guérir celles qui sont attaquées.

Le même remède peut guérir les abeilles qui sont attaquées de langueur ; cette maladie se connait à leurs antennes , ou *cornes* , qu'elles portent à la tête , et qui sont jaunes ainsi que le devant de la tête.

C

Lorsqu'elles ont bû de ce sirop , elles reprennent en deux ou trois jours toute leur activité.

Une autre attention qu'il faut avoir dans le tems où les abeilles ne trouvent encore rien à la campagne , c'est de les préserver du pillage qu'elles pourraient exercer les unes contre les autres , par le besoin de nourriture , ou parce que leurs ruches seraient dévastées par les fausses teignes , ou que les araignées s'y seraient établies , ou enfin qu'elles manqueraient de reine.

On doit donc entretenir ses ruches dans la plus grande propreté et les pourvoir soigneusement de nourriture. Si l'on s'apperçoit en soulevant une ruche , que la reine soit morte , on tâchera de la remplacer en prenant dans une autre ruche une cellule formée en poire , s'il y en a plusieurs , pour la placer sur un des gâteaux de la ruche qui en est privée ; ou si l'on en trouve dans celle dont la reine est morte , on enfermera les mouches jusqu'à la naissance d'une nouvelle.

Du tems et de la manière de tailler les ruches.

Le tems que l'on choisit ordinairement pour tailler les ruches, est la fin de mars ou le commencement d'avril ; et ce qu'il y a de plus imprudent et de plus mal réfléchi, c'est que celui qui est chargé de cette opération , exerce indistinctement le même ravage sur toutes les parties des ruches.

Cependant , si dès la fin de mars l'on s'aperçoit qu'une ruche soit garnie de provisions surabondantes , ce qui se connaît sur-tout à sa pesanteur, on pourra lui retrancher l'excédent de ses provisions ; mais il faut bien se garder de toucher aux ruches faibles qui ont à peine de quoi se nourrir.

On attendra donc pour tailler celles-ci, que les fleurs paraissent en abondance, et que les abeilles aient rempli leurs magasins; ce sera alors le moment de faire un partage judicieux avec elles, et voici comment on y procédera.

Si l'on a à tailler des ruches à l'ancienne mode, c'est-à-dire, qui sont très-élevées, terminées plus étroitement par le haut que par le bas, et garnies en dedans d'un bâton qui passe par le haut de la ruche pour descendre presque sur le plateau, et qui est traversé par deux bâtons en croix, pour soutenir les gâteaux; on commencera par se garnir le visage et les mains, comme cela se pratique par tout, et par un beau jour, avant le lever du soleil, on mettra chaque ruche sur le côté, après l'avoir dégarnie par le bas, du ciment ou mortier qui la tient cellée au plateau; ou bien on la posera sur un trépied ou autre appui, et on l'enfumera pendant quelques momens , avec du linge brûlant attaché au bout d'un bâton. Ensuite on renverse la ruche enfumée , dont les abeilles sont sorties ou se sont retirées dans le fond , et on la place sur un autre trépied ou sur une chaise coü-chée , de manière que l'on puisse en dé-couvrir tout l'intérieur, et y prendre fa-cilement les rayons de miel ou les gâteaux de cire que l'on voudra retrancher. On se sert pour cela d'un couteau dont la lame longue et bien affilée est recourbée par le bout en forme de serpette. On n'épargne que les gâteaux bruns qui contiennent le couvain et qui sont ordinairement sur le devant de la ruche , et l'on prend ceux qui contiennent le miel , dans quelque endroit de la ruche qu'ils soient placés , ayant soin de faire éloigner les abeilles avec de la fumée , afin de ne pas les dé-truire en coupant. On commence par dé-tacher le premier gâteau qui tient aux parois de la ruche , afin de se faire jour pour prendre avec la main ce que l'on veut enlever , et on le pose à mesure dans quelque vase à côté de soi.

Après avoir coupé tout ce qu'on voulait prendre , on ramasse tous les morceaux de gâteaux qu'on a brisés ; on coupe l'extrémité de ceux qui restent dans la ruche , pour oter toute la vieille cire et celle qui serait moisie ; on remet la ruche à sa place, et à la première taille que l'on fera , on enlevera les gâteaux qu'on a laissés , afin que tout se trouve renouvellé.

On enlevera sur-le-champ tout ce que l'on aura taillé, afin de le soustraire à l'avidité des mouches qui s'empresseraient de reprendre leur bien , et l'on détache avec la barbe d'une plume celles qui se trouvent sur les gâteaux.

En remettant la ruche en place , on tourne sur le devant , le côté qui était derrière , l'on y pratique une ouverture pour le passage des abeilles , et l'on ferme l'ancienne.

Les ruches surbaissées sont les meilleures et se taillent facilement, parce que les gâteaux sont courts et faciles à détacher. On prendra garde seulement de détruire le couvain ni les loges de la reine.

On pose sur ces ruches un cabochon ou petite ruche moins large et moins haute, que l'on enlève de tems en tems lorsqu'elle est pleine, pour la remplacer par une vide, et au moyen d'un peu de fumée, on écarte les mouches qui s'y trouvent.

Les ruches en forme de baril ou cylindre creux, se taillent en retirant le fond de derrière, après avoir ôté les cloux ou chevilles qui le retiennent, ainsi que les chiffons que l'on a fourrés à l'entour : on taille alors telle quantité de rayons que l'on veut sans déranger les abeilles qui sont presque toutes sur le devant. Cependant, s'il s'en présente quelques unes, on les écarte avec un peu de fumée. On a soin de bien racler et de bien nétoyer tout-autour, les morceaux ou brisures des gâteaux que l'on a enlevés, et qui pourraient empêcher le fond de glisser dans l'intérieur de la ruche en le remettant après l'avoir taillée. On l'enfonce alors jusqu'à ce qu'il touche les rayons restans ; on l'arrête avec les chevilles ou ·cloux , et l'on en garnit de nouveau le pourtour avec des chiffons ou des cordons de chanvre.

On peut tailler plusieurs fois les ruches dans une même année , lorsqu'elles sont placées dans une position avantageuse pour leurs récoltes. Souvent elles sont plus fournies trois semaines après la taille du mois de mai , qu'elles ne l'étaient à cette époque. Il est donc à propos , dans ce cas , de vider leurs magasins, pour les engager à les remplir de nouveau. Ainsi, dans le courant de juillet , on pourra recommencer à tailler les ruches que l'on trouvera pleines , en leur prenant tout le miel et une partie de la cire ; mais si l'on trouve en octobre quelques ruches bien remplies , il faudra seulement leur prendre une partie de leurs provisions , plutôt pour la leur rendre au sortir de l'hiver , que pour les consommer.

Je ne parlerai point ici de tous les autres
soins

soins qu'il faut donner aux abeilles pendant l'année, ni de la manière de construire les différentes espèces de ruches, cela demande un traité que l'on trouvera dans mon ouvrage de l'Ami des Cultivateurs, avec la manière de construire une ruche, etc.

Mon but a été uniquement ici de prévenir que les abeilles demandent cette année une attention particulière pour leur fournir des alimens, puisqu'elles doivent avoir consommé leurs provisions pendant l'hiver qui a été trop doux, et pour avertir les amateurs d'abeilles qu'il faut prendre des précautions extraordinaires tant pour tailler les ruches à propos, que pour leur laisser le couvain que la plupart des tailleurs de ruches enlèvent sans miséricorde, attendu qu'ils détruisent par cette maladresse, l'espérance des essaims qu'elles doivent produire.

D

On trouve chez les Mêmes, les Ouvrages suivans du même Auteur.

1°. L'Ami du Jardinier , ou Instruction Méthodique à la portée des amateurs et des Jardiniers , sur-tout ce qui concerne les jardins fruitiers et potagers , parcs , jardins anglais, parterres, orangeries et serres chaudes. 2 vol. in-8°. , avec 22 gravures , prix 12 fr.

2°. L'Ami des Cultivateurs , ou moyens simples et mis à la porté des Propriétaires , Fermiers , Laboureurs , Vignerons , etc. , de tirer le meilleur parti possible des biens de campagne de toute espèce , avec tout ce qu'il est nécessaire de savoir pour faire valoir avantageusement un domaine en bétail , volailles , grains , foins , vins , bois , étangs et autres productions utiles , et de tirer un parti quelconque de tous les terrains ; avec le traitement des maladies du bé-

bétail, et la manière de faire prospé-
rer les abeilles et les vers à soie. prix
10 fr., pris à Paris.

3°. L'Ami des Malades de la campagne,
ou indication de différens remèdes
simples, peu coûteux et faciles à ad-
ministrer ; pour guérir les maladies et
les incommodités les plus communes
dans les campagnes.

'Avec la manière de construire un repous-
soir ou bouton élastique pour contenir
les hernies ou descentes, plus simple-
ment et plus commodément qu'avec les
bandages ordinaires dont la dépense est
au-dessus de la portée du peuple. Et la
recette de cataplasmes qui font rentrer
promptement les descentes échappées avec
gonflement et durcissement. Troisième
édition entièrement refondue, augmen-
tée de plus de moitié, beaucoup mieux
rédigée par l'Auteur, et accompagnée
d'une gravure qui explique parfaitement
la construction du bouton élastique pour
les hernies.

Ce dernier ouvrage est actuellement sous presse et paraîtra au mois de mai prochain. Le prix sera de deux fr. pour les souscripteurs, et de 3 francs pour les autres.